AF308731

SUR

L'OPHTHALMOSCOPE

SUR

L'OPHTHALMOSCOPE

PAR

Le DR C.-M. GARIEL

Ancien élève de l'Ecole polytechnique,
Ingénieur des ponts et chaussées.

PARIS

F. SAVY, LIBRAIRE-ÉDITEUR

24, RUE HAUTEFEUILLE.

1869

SUR L'OPHTHALMOSCOPE

Je me propose, dans ce court travail, de faire connaître une modification que j'ai fait subir à l'ophthalmoscope et subsidiairement au laryngoscope, à l'endoscope et autres instruments destinés à l'exploration des cavités que leur forme ou leur position rend inaccessibles à nos regards. Cette modification, qui consiste en un changement peu notable au premier abord dans la disposition des pièces dont l'ensemble constitue un ophthalmoscope, ne me paraît pas dénuée d'importance, puisqu'elle permet d'obtenir des images projetées des parties étudiées et visibles à un auditoire plus ou moins nombreux suivant les circonstances. Que cette forme d'observation soit susceptible de rien ajouter aux études personnelles faites au moyen de l'ophthalmoscope, c'est ce que je ne crois pas ; mais elle me paraît très-propre à une démonstration, à un enseignement, et je la crois, à cet égard, digne d'une sérieuse attention.

Avant d'exposer le mode particulier d'observation que j'indique, et dans le but de démontrer théoriquement sa possibilité, j'étudierai d'abord les principes sur lesquels est basée la construction des ophthalmoscopes en usage actuellement, cherchant ainsi à réunir et exposer sommairement les connaissances spéciales qu'exige la compréhension du mode de fonctionnement de ces appareils.

J'ai divisé en trois parties ce travail : dans la première, je rappelle les lois élémentaires qui régissent les phénomènes lumineux, et j'en déduis des conséquences importantes au point de vue spécial que je traite. La seconde partie contient l'application de ces lois à l'observation de la rétine ; elle renferme une théorie assez complète de l'ophthalmoscope. J'ai réuni dans la dernière partie la démonstration de la possibilité d'obtenir des images projetées, les moyens à employer pour y arriver, et quelques résultats que j'ai déjà observés dans diverses circonstances.

I

La marche des rayons lumineux, dans une série
de milieux différents, est soumise à des lois qui dé-
pendent en partie de la constitution même des milieux considérés.

Les milieux que l'on étudie au point de vue phy-
siologique ou même pathologique sont exclusive-
ment l'air, le cristal employé dans la construction
des instruments d'optique et les milieux propres de
l'œil. Ces corps, qui sont caractérisés par une constitution identique dans toutes les directions, portent
les noms de milieux isotropes.

Les rayons lumineux traversant des milieux isotropes sont soumis dans leur marche à des lois
étudiées dans les cours de physique, et parmi lesquelles nous nous bornerons à rappeler les principales.

1° *Les lois de la réflexion.* (Le rayon incident et
le rayon réfléchi sont dans un même plan avec la
normale. L'angle de réflexion est égal à l'angle
d'incidence.)

2° *Les lois de la réfraction.* (Le rayon incident et le
rayon réfracté sont dans un même plan avec la normale. Le rapport des sinus des angles d'incidence
et de réfraction est constant.)

Comme conséquence immédiate de ces lois, on peut donner l'énoncé suivant qui, moins généralement indiqué, est d'une importance capitale au point de vue particulier qui nous occupera :

Quels que soient le nombre et la nature des milieux à la surface de séparation desquels un rayon lumineux s'est réfléchi ou réfracté, un autre rayon marchant en sens inverse du premier, et qui aurait avec celui-ci un élément commun, se confondrait avec lui pour tout le reste du trajet.

C'est à cet énoncé que nous ferons souvent allusion en parlant du *retour inverse des rayons.*

Comme premier exemple, nous pouvons citer ce que l'on nomme les foyers conjugués d'une lentille convergente : un point lumineux étant situé en F sur l'axe de la lentille, et les rayons allant former de l'autre côté en F', une image de ce point, si réciproquement on place en F' le point lumineux, son image se formera précisément au point F.

Par l'application du même énoncé, on voit que les appareils de phare composés de lentilles et de prismes réfléchissants, dont les profils ont été calculés pour envoyer, suivant un faisceau parallèle, les rayons émis par la source de lumière, lampe ou étincelle électrique, seraient parfaitement disposés pour concentrer en un point les rayons lumineux et calorifiques venant du soleil, et que l'on doit considérer comme parallèles.

On peut donner un autre exemple plus saisissant peut-être de l'effet que nous voulons signaler. Un observateur, placé à quelque distance d'une autre personne, et mettant devant son œil un prisme, peut, en le faisant tourner avec précaution, trouver une position telle qu'il aperçoive l'œil de la seconde personne : or, c'est à ce moment précis que cet autre observateur distinguera l'image de l'œil du premier expérimentateur. Le même résultat serait encore obtenu quand bien même on aurait interposé sur le trajet des rayons lumineux, soit un ou plusieurs autres prismes, soit un miroir, soit toute autre surface transparente ou réfléchissante.

Avant d'étudier en général les conditions dans lesquelles un corps nous paraît éclairé, nous allons entrer dans quelques détails relativement à certains cas particuliers, qui trouveront une application plus ou moins directe, lorsque nous aurons à parler du fond de l'œil.

Nous supposerons d'abord que la source de lumière étant quelconque d'ailleurs, le corps éclairé soit absolument isolé, qu'il ne soit pas placé dans le voisinage d'autres corps pouvant lui renvoyer des rayons lumineux, et que nous puissions faire abstraction de la lumière toujours diffusée par l'atmosphère, ainsi que nous le disons plus loin. On peut réunir ces conditions en faisant arriver un faisceau lumineux d'assez faibles dimensions dans une chambre fermée et dont les parois sont obscures.

Si le faisceau lumineux tombe sur une surface *parfaitement polie*, il sera tout entier réfléchi spéculairement et donnera naissance à un faisceau ayant une direction déterminée par les lois de la réflexion. Un œil situé en un point de la direction de ce faisceau réfléchi aura la sensation d'une source de lumière située à une certaine distance derrière la surface réfléchissante ; mais ni l'existence de cette surface, ni le changement de direction des rayons ne pourront être perçus ni supposés ; nous sommes, en effet, habitués à la direction rectiligne de la lumière, et nous reportons invinciblement la cause de la sensation lumineuse sur la direction du dernier élément parcouru par la lumière, cet élément étant en réalité le seul dont nous ayons la perception et la notion.

Pour un œil non situé sur la direction du faisceau, il n'existerait non plus aucune raison d'admettre l'existence de la surface réfléchissante : les points où ne tombe pas le faisceau incident ne recevant aucun rayon lumineux sont complétement obscurs, et ceux sur lesquels il arrive ne réfléchissant que suivant une seule direction qui n'est précisément pas celle que l'on considère.

Si le corps lumineux envoie des rayons dans toutes les directions, et si la surface réfléchissante est assez étendue, quelle que soit la position de l'œil, quelques rayons réfléchis lui parviendront et lui donneront par suite la sensation d'un corps éclairant, situé sur leur direction et derrière la surface polie, sans que rien puisse l'avertir de l'existence d'un miroir et d'un changement de direction des rayons lumineux.

Il n'est pas rare de rencontrer des conditions dans

lesquelles se manifeste l'effet que nous signalons : si, dans une pièce peu éclairée et surtout tendue de couleurs sombres, il existe une glace d'une certaine étendue sur la paroi opposée à celle dans laquelle sont percées les fenêtres, pour certaines positions pour lesquelles on voit précisément une fenêtre former son image dans cette glace, on peut croire absolument qu'il existe réellement une ouverture en cet endroit, et l'illusion peut durer jusqu'au contact.

On peut encore signaler comme exemple de ce fait les *spectres* que l'on a fait paraître sur diverses scènes, et qui, provenant de la réflexion sur des glaces sans tain d'objets et de personnages vivement éclairés, semblaient exister derrière ces glaces et paraissaient se confondre avec des objets et des personnages réels que l'on avait le soin d'éclairer moins fortement.

Nous devons signaler pour la lumière réfractée des propositions entièrement semblables à celles que nous venons d'indiquer : lorsqu'un faisceau lumineux a traversé un ou plusieurs milieux *parfaitement transparents* séparés par des surfaces de forme quelconque, l'œil ne peut avoir aucune notion du nombre et de la nature des milieux traversés, et nous sommes invariablement conduits à supposer la cause du phénomène lumineux placé sur la direction du dernier élément du rayon qui vient frapper notre œil.

Les exemples de cette sensation sont trop multipliés pour qu'il soit nécessaire d'insister longuement; on peut cependant signaler comme conséquence de cet effet les phénomènes de mirage, ainsi que les erreurs de position que l'on est conduit à attribuer aux astres, surtout lorsqu'ils sont rapprochés de l'horizon ; des conséquences d'un autre ordre seront étudiées plus loin.

Il faut remarquer que l'on peut, dans certaines circonstances, être conduit à supposer l'existence de milieux interposés : c'est, en particulier, lorsque la la lumière perçue d'abord directement et dans des conditions connues, nous semble avoir varié comme intensité ou comme coloration ; mais il va sans dire que l'on pourrait être induit en erreur par cet effet, et que le changement pourrait provenir de toute autre cause que de milieux traversés, et par exemple, d'une variation propre du corps lumineux lui-même.

Les corps sont loin de présenter le poli parfait que supposent les conclusions précédentes, ainsi qu'il est facile de s'en rendre compte en remarquant que le procédé le plus usuel du polissage consiste à frotter les surfaces avec des poudres dures dont chaque grain trace un petit sillon, et qui découpent ainsi de petites proéminences séparées par des parties relativement creuses. Comment agit une surface semblablement constituée sur un faisceau lumineux qui vient la rencontrer sous une certaine incidence ?

L'expérience montre qu'une surface quelconque éclairée par un faisceau lumineux est visible pour un œil situé en un point quelconque, sauf, bien entendu, le cas exceptionnel spécifié précédemment : Ce résultat exige qu'un certain nombre de rayons aient été réfléchis dans chaque direction, et non pas seulement suivant la ligne indiquée par les lois de la réflexion. En un mot, la surface est visible de partout, l'œil distingue chacun de ses points comme une source de lumière et ne voit pas seulement l'image du corps éclairant, qui souvent même n'est nullement perçue. Une feuille de papier blanc éclairée par un faisceau lumineux envoie des rayons dans toutes les directions, mais ne présente nulle part l'image de la lampe, par exemple, qui l'éclaire.

La lumière ainsi réfléchie par une surface non parfaitement polie est dite *lumière diffuse ;* c'est elle qui nous permet en somme de voir tous les corps. On l'appelle souvent aussi lumière irrégulièrement réfléchie, mais c'est à tort, car chaque rayon particulier subit la réflexion spéculaire ; seulement, cette réflexion se fait sur des éléments de surface dont les directions sont variables avec le point d'incidence, par suite de la constitution même de la surface.

Une surface non parfaitement polie et éclairée agit comme si chacun de ses points était une source de lumière ; nous pouvons ajouter que c'est par suite d'une action spéciale, et non encore bien définie de ces surfaces qui ne diffusent que certains rayons parmi ceux qu'elles reçoivent, qu'elles possèdent une coloration propre.

Nous avons dit que dans une chambre à parois

obscures et dans laquelle existe une source de lumière, on ne pouvait pas toujours distinguer l'existence d'un miroir dans lequel se réfléchit le corps lumineux. La présence de cette surface sera au contraire nettement mise en évidence, si l'on y projette une poussière qui fait disparaître le poli et permet la diffusion de la lumière en produisant des aspérités réfléchissant les rayons dans tous les sens.

Les corps que nous considérons habituellement comme polis nous présentent à la fois de la lumière diffusée et de la lumière réfléchie ; les corps non polis ne donnent en général naissance qu'à de la lumière diffusée.

De même, les corps qui ne sont pas parfaitement transparents, manifestent leur présence, tant par la lumière diffusée par les molécules que par les obstacles qu'apportent au passage des rayons les particules étrangères qu'ils peuvent contenir. Nous ne nous occuperons actuellement que de la lumière diffuse à proprement parler.

Si nous interposons, entre l'œil et une source de lumière, une feuille de papier blanc ordinaire, elle apparaît presque uniformément éclairée , et il est à peu près impossible de décider à quel point correspond le point éclairant, tandis qu'une lame de verre mise à la même place ne paraîtrait éclairée que sur la ligne directe allant de la lumière à l'œil : chaque molécule frappée par un faisceau lumineux, au lieu de donner naissance à un faisceau réfracté unique, envoie des rayons dans toutes les directions, par suite des directions diverses que présente sa surface ; des rayons lumineux émanent donc de chaque point, dans tous les sens, comme s'il était un point lumineux.

On peut avoir besoin d'employer des corps transparents diffusant la lumière ; il est bon de remarquer à cet égard, que l'on doit tenir grand compte des conditions dans lesquelles on opère, telle surface pouvant, suivant les cas, paraître transparente ou diffusante. La transparence sera d'autant plus nette que la source de lumière sera plus intense ou plus rapprochée, et la quantité de lumière variera inversement, ou du moins à peu près : c'est ainsi que le papier végétal, par exemple, qui est transparent pour des corps vivement éclairés et rapprochés, devient diffusif pour des rayons lumineux moins intenses, comme le sont ceux émis par l'image réelle obtenue par une lentille d'un corps modérément éclairé.

Une expérience très-nette peut montrer l'influence de la transparence plus ou moins considérable sur la quantité de lumière diffusée, et sur les conséquences que nous en pouvons déduire. Si l'on peut douter de l'existence d'une glace non étamée entre l'œil et un corps lumineux ou vivement éclairé alors que cette glace est parfaitement nette, aucune hésitation n'est possible lorsqu'elle est recouverte de poussière d'une nature quelconque.

Nous devons faire remarquer que les conclusions

précédentes ne sont pas seulement applicables aux corps déterminés par des surfaces planes, mais aussi bien dans tous les cas, et quelle que soit la nature de la surface de séparation des milieux : une lentille bien nette ne peut être distinguée sur le passage d'un rayon lumineux ; tout au plus peut-on la supposer par les effets qu'elle produit sur la convergence de ces rayons.

Les conclusions rigoureuses énoncées précédemment ne sont pas toutes absolument d'accord avec les faits observés journellement ; et, par exemple, il est rare qu'une surface polie ait pu échapper complétement à nos regards. C'est que les conditions que nous avons supposées ne sont jamais absolument remplies, et que tout est constamment et entièrement plongé dans la lumière diffuse. Les corps qui nous environnent réfléchissent ou diffusent de la lumière dans tous les sens : il n'existe pas de corps, même noir, qui absorbe absolument les rayons lumineux, comme l'indique la théorie ; l'air lui-même, en tant que gaz, et aussi par les poussières qu'il renferme diffuse la lumière. La présence de l'atmosphère fait naître, en particulier, un rayon réfléchi *principal* de même direction que le rayon lumineux direct, mais de sens contraire et dont l'intensité est plus grande que celle des rayons diffusés dans toutes les autres directions. L'existence de cette lumière diffuse et du rayon principal, rend compte des faits suivants :

Une chambre est éclairée, lors même qu'elle n'est point exposée au soleil ; la lumière diffuse des nuées ou de la voûte céleste, celle provenant des maisons voisines peuvent être invoquées.

Les ombres propres ou portées des corps ne sont jamais obscures, à cause de la lumière diffusée par les corps environnants.

La partie de l'ombre propre d'un corps la plus opposée à la direction de la lumière incidente est moins obscure que les parties voisines, par suite de l'effet du rayon principal agissant avec plus d'intensité en ce point, etc.

On conçoit que ces conditions diverses, si compliqués, ne permettent pas, en général, d'appliquer les résultats que nous avons indiqués plus haut. C'est à l'observation attentive et à la reproduction exacte des effets produits dans des circonstances analogues à celles que nous indiquons, que sont dus les effets remarquables de *clair-obscur* que l'on observe dans certains tableaux ; la question est, en général, moins simple encore, par suite des variations de coloration que nous n'avons pas même indiquées.

Les lentilles convergentes jouant un rôle très-important dans tout ce que nous aurons à dire, il est bon de rappeler, parmi leurs propriétés diverses, celles dont nous aurons à faire usage.

Les lentilles convergentes (biconvexes, plano-convexes, ménisques convergents) dont le centre est plus épais que les bords, ont pour effet, comme leur nom l'indique, de donner aux rayons qui les traversent des directions telles qu'ils convergent plus après leur passage dans la lentille qu'avant. La puissance d'une lentille est caractérisée par sa *distance focale*, distance de la lentille au point où vont se réunir tous les rayons qui étaient parallèles à leur entrée, et ce point très-important est le *foyer principal*.

L'étude complète des lentilles, telle qu'on la fait dans les cours de physique, montre que tous les rayons lumineux émis d'un point situé sur l'axe ou à peu de distance de cette ligne, ou dont les directions passent par un semblable point si on les suppose prolongées suffisamment, sont déviés par leur passage dans cet instrument, de telle sorte que les directions des rayons, prolongés s'il le faut, vont passer par un même point. Le second point est dit le *foyer* du premier; en vertu du retour inverse, ainsi que nous l'avons dit, le premier est de même le foyer d'un point lumineux situé à la place du premier, et, par cette raison, les deux points sont dits *foyers conjugués*.

Un foyer est dit *réel*, lorsque les rayons lumineux vont effectivement s'y croiser en produisant une accumulation de lumière; il est *virtuel*, lorsque c'est seulement la direction géométrique des rayons qui passent en ce point, d'où ils divergent en réalité.

Les positions respectives des foyers conjugués sont définies par une formule de laquelle on peut déduire les conséquences suivantes, qui se groupent deux à deux par suite du retour inverse des rayons.

A. Des rayons lumineux qui arrivent en convergeant sur une lentille vont former un foyer réel de l'autre côté, entre la lentille et le foyer principal.

G. Des rayons lumineux émanés d'un point situé entre la lentille et le foyer principal sortent en divergeant.

B. *Les rayons parallèles à l'axe vont concourir au foyer principal situé de l'autre côté de la lentille.*

F. *Les rayons issus du foyer principal émergent de la lentille parallèlement à l'axe.*

C. Des rayons émanés d'un point de l'axe, situé entre l'infini et le double de la distance focale, donnent lieu de l'autre côté à un foyer compris entre le foyer principal et un point situé à la distance double de la distance focale.

E. Des rayons émanés d'un point de l'axe compris entre le foyer principal et le point situé à la distance double de la distance focale vont converger en un point compris entre l'infini et le double de la distance focale.

D. Un point situé à une distance double de la distance focale a son image au point situé à une distance double de la distance focale.

De ces conséquences, on voit que celles notées B, D et F pourraient se déduire des autres, entre lesquelles elles servent de transition, à savoir :

B entre A et C ;
D entre C et E ;
F entre E et G.

Nous pouvons encore remarquer que, dans tous

les cas, il y a formation d'images réelles, sauf pour G, qui donne une image virtuelle ;

Que l'image réelle est plus grande, égale ou plus petite, comparée à l'objet, suivant que sa distance à la lentille est aussi plus grande, égale ou plus petite que celle qui existe entre l'objet et la lentille.

II

Il n'est nullement dans notre intention de rappeler en détail la composition de l'œil; il faut cependant en dire quelques mots, afin de montrer surtout à quel point de vue nous le considérerons.

En nous bornant aux parties essentielles, nous trouvons des milieux réfringents (humeur aqueuse, cristallin, humeur vitrée), séparés soit de l'air, soit entre eux, par des surfaces courbes; nous négligeons volontairement la cornée, que l'on peut, sans erreur, considérer comme ayant la même épaisseur en tous ses points.

La rétine, située postérieurement à ces diverses parties, et qui, dans la vision, joue un rôle actif, ne sera pour nous qu'un objet qu'il s'agit d'étudier; nous avons à reconnaître les modifications diverses qu'elle peut présenter, et dont la nature est d'une grande importance au point de vue pathologique; il faut donc que cette étude soit aussi facile, aussi complète et aussi exacte que possible.

Pour rendre simples les raisonnements que nous avons à faire, nous remplacerons les conditions réelles par d'autres fictives qui auront l'avantage de se prêter mieux aux comparaisons avec les expériences optiques ordinaires. La difficulté provient de ce que l'objet à examiner, la rétine, est située non dans l'air, mais dans un milieu réfringent; et, bien que dans certaines observations microscopiques, on se place volontairement dans ces conditions, on est plus habitué à se représenter dans l'air l'objet dont on cherche l'image.

Les formules qui sont indiquées dans l'ouvrage de M. le professeur Gavarret (*Des images par réflexion et par réfraction*), montrent que l'on peut toujours remplacer un système analogue à celui constitué par les milieux de l'œil par une lentille dont la position et la distance focale peuvent être facilement déterminées.

Sans entrer dans les détails ni du calcul, ni des éléments exacts de cette lentille à laquelle on peut schématiquement réduire l'œil, nous pouvons dire que nous considérerons l'œil au point de vue de l'observation ophthalmoscopique comme une cavité dont les parois sont noires, contenant de l'air et présentant en deux points directement opposés, d'une part, une surface colorée qu'il s'agit d'étudier; d'autre part, une ouverture munie d'une lentille convergente que nous pouvons approximativement considérer comme coïncidant avec la surface antérieure de l'œil, et dont le foyer est déterminé par des considérations que nous allons signaler.

Il est nécessaire, à divers égards, d'indiquer les conditions habituelles de la vision en général.

La vision nette d'un objet n'a lieu que lorsque son image se fait exactement sur la rétine; la position de cette image dépend de la courbure des surfaces

de séparation des milieux de l'œil et de la réfringence
de ceux-ci; cette réfringence ne varie guère d'une
personne à une autre, et à plus forte raison chez le
même individu. Il n'en est pas de même de la courbure des surfaces, de celles du cristallin surtout; ces
variations assez notables, dues à un appareil spécial,
donnent naissance aux phénomènes d'accommodation en vertu desquels le cristallin se déforme jusqu'à
amener exactement sur la rétine, si cela est possible,
l'image du corps que l'on cherche à voir.

Nous devons donc considérer la lentille que nous
avons attribuée à l'œil schématique comme pouvant
posséder successivement des distances focales diffé-
rentes.

En vertu de cette accommodation actuellement
très-bien étudiée, et sur laquelle je n'ai pas à insister, un œil peut voir distinctement des objets situés
à diverses distances. On appelle *punctum proximum*
le point le plus rapproché de l'œil dont l'image puisse
se faire sur la rétine, et *punctum remotum*, ou mieux
remotissimum, le point le plus éloigné pour lequel la
vision distincte est possible.

Il résulte de diverses considérations physiologi-
ques et pathologiques, que l'œil au repos et non soumis à l'accommodation est disposé pour son *punctum
remotum* dont la position dépend, par suite, de la
constitution même de l'œil et peut la définir, tandis
que la distance qui sépare le *punctum remotum* du
punctum proximum donne la mesure de la puissance
d'accommodation de cet œil.

Donders, auquel on doit une étude remarquable de cette question, a donné aux diverses vues des noms que nous adopterons.

Un œil dont le *punctum remotum* est situé à l'infini est considéré comme le type des yeux normaux au point de vue de la position des images. Sans effort d'accommodation, les rayons parallèles ont leur foyer principal sur la rétine; la vision nette des objets, jusqu'au *punctum proximum*, s'effectue par suite de l'accommodation; un œil ainsi constitué est dit *emmétrope*.

Lorsque le *punctum remotum* est situé en avant et à une distance finie de l'œil, le foyer des rayons parallèles et ceux des points situés au delà du *punctum remotum* se trouvent toujours avant la rétine; ces points ne peuvent être vus : les yeux qui possèdent ce caractère sont désignés sous le nom de *myopes* ou *brachymétropes*. On peut dire encore que, pour une accommodation nulle, le foyer conjugué de la rétine est réel et situé à une distance finie de l'œil.

Enfin certains yeux sont tels que, sans accommodation, ils sont constitués pour faire converger sur la rétine des rayons déjà convergents; que, par suite, les rayons arrivant parallèles et, à plus forte raison, en divergeant, iraient former leur foyer en arrière de la rétine, si l'accommodation n'intervenait; on peut dire encore que, sans accommodation, la rétine donnerait lieu à une image virtuelle. Ces yeux ont été appelés *hypermétropes*. Les objets réels n'émettant jamais que des rayons qui arrivent à l'œil en divergeant, les yeux hypermétropes ne peuvent distinguer les corps que par l'accommodation : on saisit même la possibilité d'une hypermétropie assez prononcée et d'une puissance d'accommodation assez faible pour qu'aucun objet ne soit vu distinctement par un œil qui en serait affecté.

L'emploi de verres convenablement choisis, concaves pour les myopes et convexes pour les hypermétropes, a pour effet de les ramener à l'emmétropie, c'est-à-dire à la formation sur la rétine, sans accommodation, du foyer des rayons arrivant parallèlement.

Dans ce qui suivra, et lorsque aucune indication contraire ne sera donnée, les résultats seront applicables à des yeux emmétropes, que l'emmétropie soit naturelle ou qu'elle soit la conséquence de l'emploi de verres convenables.

Dans les expériences faites à l'aide de l'ophthalmoscope on a généralement soin d'instiller dans l'œil une goutte de sulfate d'atropine. Outre l'avantage de dilater la pupille, de donner ainsi un champ plus vaste à l'observation et obtenir un éclairement plus considérable, on arrive à une paralysie de l'appareil d'accommodation, de telle sorte que l'œil en expérience est disposé pour son *punctum remotum*, sans que cet état de réfringence puisse varier en rien; or, la variation de la courbure du cristallin dans la vision à l'ophthalmoscope d'un œil sain et non soumis à l'action de l'atropine, est incessante et entraîne des difficultés expérimentales que l'on doit chercher à éviter.

Lorsque l'on regarde l'œil d'une personne située à une distance quelconque, la pupille paraît toujours absolument noire, à moins que l'individu que l'on étudie ne soit albinos (nous reviendrons sur ce cas); il faut expliquer ce fait qui peut paraître singulier lorsque l'on sait que la partie de la rétine opposée à la pupille possède une couleur rouge prononcée.

Un objet paraît noir lorsqu'il n'envoie à notre œil aucun rayon lumineux, soit que sa constitution le rende propre à les absorber tous, soit aussi bien lorsqu'il n'en reçoit aucun, et c'est précisément là le cas de la rétine observée.

La présence du cristallin, lentille convergente dont l'axe est dirigé vers le point que l'on veut étudier, ne permet l'éclairement de cette partie que par une lumière située sur cet axe ou dans son voisinage; mais le cristallin oblige aussi l'observateur à placer son œil également sur cet axe ou dans son voisinage. Il faut donc, en résumé, que l'œil de l'observateur, la lumière et l'œil en expérience soient sensiblement en ligne droite.

Dans ces conditions, on le comprend, la source de lumière ne saurait être ni à la même distance que l'œil de l'observateur, ni à une distance plus grande; il faut qu'elle soit entre l'expérimentateur et l'œil observé; mais une nouvelle difficulté se présente, l'expérimentateur est alors ébloui par la lumière qui l'empêche de distinguer la lueur beaucoup plus faible émise par la rétine, la lumière étant affaiblie par la distance, le passage à travers divers milieux et le pouvoir absorbant même du corps observé. On comprend qu'il faut avoir recours à un artifice pour vaincre la difficulté que nous venons de signaler.

Cette difficulté ne se présenterait pas si le fond de l'œil observé pouvait être éclairé autrement que par l'intermédiaire de la pupille et du cristalin; c'est précisément ce qui arrive chez les albinos dont les tuniques de l'œil, dépourvues de granulations pigmentaires, laissent passer une partie des rayons qui frappent la surface et vont alors éclairer par transparence le fond de l'œil qui diffuse dans toutes les directions la lumière ainsi reçue; la rétine peut alors être vue à travers la pupille et le cristallin, et c'est là ce qui donne aux yeux des albinos cette apparence caractéristique, cette teinte rose que l'on distingue également à travers l'iris qui, privé de pigment, est aussi transparent.

On a souvent comparé l'œil à une chambre noire, et dans ce cas encore la ressemblance est très-grande; pour cet appareil, un effet analogue à celui que nous signalons est très-manifeste. Lorsque l'on est en face d'une chambre noire à parois opaques, l'objectif semble absolument obscur, quelle que soit la coloration intérieure, parce qu'en effet, les rayons qui pourraient éclairer le fond devraient partir du point où l'œil de l'observateur doit être placé pour distinguer ce même fond.

Il est possible cependant d'apercevoir le fond de l'œil, et spécialement la papille nerveuse, de perce-

voir la *lueur oculaire* (*Augen leuchten*), comme l'appelle
Helmholtz, auquel on doit l'invention de l'ophthalmoscope. Des procédés divers d'éclairage peuvent
être employés dans ce but; nous les indiquerons
successivement.

Nous avons dit que lorsque l'œil observé, la lumière et l'œil de l'observateur sont sensiblement en
ligne droite, on pourrait distinguer le fond de l'œil
éclairé si l'on n'était ébloui par l'éclat de la source
lumineuse; pour éviter cet inconvénient, on peut employer l'artifice suivant :

La lumière étant située en face de l'œil à examiner, l'observateur se place immédiatement derrière,
mais après avoir interposé un écran opaque dont le
rayon visuel doit raser le bord pour arriver à la pupille en expérience; de cette manière, les rayons
lumineux éclairants et les rayons visuels ont des directions presque parallèles et peuvent correspondre à
une même position du cristallin.

Pour que cette expérience puisse réussir, il est
bon, sinon même indispensable, que la lumière soit
enveloppée d'un manchon qui ne permette l'émis-
sion des rayons lumineux que dans la direction de
l'œil observé. Sans cette précaution, l'observateur
peut fort bien être ébloui par la lumière diffusée par
l'air environnant.

Du reste, cette expérience est délicate, présente
de réelles difficultés pratiques et n'offre qu'un inté-
rêt purement théorique.

La difficulté que présente l'observation du fond de

l'œil consiste dans ce fait que dans l'œil et à la sortie les rayons éclairants d'une part, et les rayons émanés de la rétine éclairée et considérée comme surface diffusante (rayons que nous désignerons sous le nom de rayons de retour), d'autre part, doivent parcourir presque identiquement le même chemin ; il faut donc disposer l'expérience de manière à obtenir la séparation de ces rayons. Nous allons indiquer les divers procédés qui ont été employés dans ce but.

Helmholtz produit l'éclairement du fond de l'œil par le moyen d'une lame de verre à faces parallèles sur laquelle une lentille concentre des rayons émanés d'une lampe située à quelque distance ; cette lame est placée de manière à envoyer dans l'œil une partie des rayons qui se réfléchissent, tandis que les autres la traversent sans déviation ; les rayons de retour émanés de la rétine suivent en sens contraire, après leur passage dans le cristallin, le chemin de ces rayons réfléchis, et, arrivés sur la lame, se divisent : les uns, se réfléchissant à leur tour et se dirigeant vers la source de lumière, sont perdus ; les autres, traversant la lame en conservant leur direction, peuvent être reçus dans l'œil de l'observateur et donner naissance à une sensation lumineuse, s'il est à une distance convenable, comme il sera dit plus loin.

L'expérience est très-facile à faire et réussit sans aucune disposition spéciale : un morceau de verre à vitre que l'on tient à la main peut servir à réfléchir les rayons d'une lampe, même sans l'intervention

d'une lentille. Il importe alors d'étudier l'œil situé
du côté opposé à la source de lumière, afin de n'être
point ébloui par la lumière diffuse par les parties de
la figure qui sont dans le voisinage. En se plaçant
derrière la lame, on voit distinctement la lueur
rouge caractéristique de la rétine ; on peut opérer
sur un œil non soumis préalablement à l'action de
l'atropine ; mais alors il y a des variations brusques
d'éclat, des disparitions de la lueur oculaire qui sont
dues à des changements de forme du cristallin, conséquence d'une accommodation variable sur l'influence
de laquelle nous insisterons plus loin.

Ainsi que nous l'avons signalé, à la surface de
réflexion les rayons, soit directs, soit de retour, se
divisent en deux groupes formant les uns un faisceau
réfléchi, les autres un faisceau réfracté. Pour les
rayons directs venant de la source de lumière, on
aurait tout avantage à augmenter la proportion des
premiers aux dépens des seconds ; pour les rayons
de retour, qui sont ceux que l'on observe, on doit
rechercher la disposition inverse : il y a là une con-
tradiction, car les deux faisceaux incidents viennent
frapper le verre sous le même angle et subissent les
mêmes variations relatives. D'une manière générale
et sans discuter les conditions trop particulières, il
est avantageux de diminuer autant que possible la
quantité de rayons réfléchis, la perte de lumière qui
en résulte pour l'éclairement pouvant être compen-
sée par une augmentation d'intensité de la source.

Dans l'ophthalmoscope d'Helmholtz, trois et même

quatre lames sont employées comme surfaces réfléchissantes : l'angle sous lequel elles doivent recevoir
la lumière dépend de leur nombre. Dans ce cas, une
influence que nous ne voulons qu'indiquer en pas-
sant, la polarisation de la lumière, a été prise en con-
sidération.

On peut envoyer les rayons lumineux dans l'œil
au moyen d'une surface concave appartenant à un
corps transparent; on fait ainsi arriver des rayons
plus convergents et l'on peut éviter l'emploi de
la lentille devant la lampe : en se plaçant sur la
direction des rayons de retour derrière le corps
transparent, on peut percevoir la lueur oculaire.

L'expérience se fait facilement au moyen de lentilles divergentes, comme sont celles qui constituent
les verres de myope; il suffit, lorsque l'on porte des
lunettes de ce genre, d'incliner la tête jusqu'à ce que
la lueur assez vive projetée sur les corps voisins, par
la surface antérieure de l'un des verres, vienne à
tomber dans la pupille de l'œil observé. Alors, même
sans l'interposition d'aucune autre lentille, on peut
voir nettement le fond de l'œil.

L'expérience peut réussir avec des verres de pres-
byte, si ce sont des ménisques convergents (verres
périscopiques), et si on a le soin de tourner vers la
lumière et les corps observés, la surface concave
contrairement à la situation qu'ils doivent affecter
dans les circonstances ordinaires.

Ce serait, paraît-il, à une observation de ce genre.

faite accidentellement, que serait due l'invention de l'ophthalmoscope.

Les lames de verre, même employées au nombre de trois ou quatre, laissent perdre une notable quantité de lumière, et l'on a pu, dans des circonstances données, éprouver le besoin d'un mode d'éclairement plus puissant. On eut recours alors à des miroirs métalliques, soit en verre étamé, soit en acier poli, qui réfléchissent la presque totalité des rayons qu'ils reçoivent : mais pour que l'œil situé derrière puisse être affecté par les rayons de retour, ces miroirs sont percés d'une petite ouverture ronde par laquelle se fait l'observation. Cette ouverture doit être assez petite pour ne diminuer que très-peu la quantité des rayons réfléchis sur l'œil, et assez grande pour laisser arriver à l'observateur une quantité convenable des rayons de retour.

Les miroirs métalliques en usage sont plans ou concaves; on en a même employé dont la surface réfléchissante était convexe; la forme importe peu; par l'interposition de lentilles placées soit entre la lampe et le miroir, soit entre celui-ci et l'œil, on peut obtenir la même convergence, quelle que soit la nature du miroir.

Pour avoir la perception de la lueur oculaire, il faut que l'ouverture par laquelle on regarde soit comprise dans le cône des rayons de retour.

Enfin, pour n'omettre aucun des procédés qui ont été proposés et employés, il faut signaler les appareils dans lesquels on fait usage de la réflexion totale.

Un prisme dont la section est un triangle rectangle, reçoit sur une des faces latérales les rayons émis par une source de lumière ; ces rayons vont frapper à l'intérieur la face hypothénuse sous un angle tel qu'ils ne peuvent sortir et sont *réfléchis totalement*, suivant une direction perpendiculaire à celle qu'ils avaient auparavant. Ils émergent sans changement de direction et l'œil observé doit être placé sur leur trajet. Pour que les rayons de retour ne suivent pas tous le chemin inverse, le prisme est percé de part en part et dans leur direction même, d'un trou de petit diamètre par lequel a lieu l'observation.

Les procédés qui viennent d'être indiqués ne sont pas seulement possibles en théorie, ils ont tous été appliqués, sauf cependant celui qui consiste dans l'emploi d'une surface concave transparente.

Helmholtz, en même temps qu'il donnait une théorie de l'éclairement du fond de l'œil, inventait l'ophthalmoscope qui en est l'application directe ; dans son appareil, la surface réfléchissante est une lame de verre non étamée (1851).

Ruete, le premier, a fait usage d'un miroir opaque percé : la surface réfléchissante était concave (1852). Coccius proposa l'emploi d'un miroir plan, et Zehender se servit d'un miroir convexe. Enfin le prisme à réflexion totale a été employé par Meyerstein.

Il suffit que le fond de l'œil soit éclairé pour que

l'observateur ait la perception de la lueur oculaire, mais cette condition est insuffisante pour que l'on *voie distinctement* la rétine ; de même qu'en interposant une lentille entre l'œil et une page d'un livre on peut percevoir la sensation produite par une surface éclairée pour des déplacements très-considérables de cette lentille, mais que pour une seule position, si l'accommodation ne varie pas, on obtient une vision nette. La condition nécessaire pour que l'on arrive à cette vision distincte est, bien entendu, que l'image de la rétine observée se fasse sur la rétine de l'observateur.

Nous pouvons énoncer ce résultat sous une autre forme et dire que, par rapport au système plus ou moins complexe de lentilles qui se trouvent entre les deux rétines, elles doivent occuper des points qui soient des foyers conjugués. Par suite, la vision nette étant obtenue par l'œil A regardant l'œil B éclairé, si l'on vient à changer l'éclairement, l'œil B verra très-distinctement à son tour l'œil A éclairé, et cela sans aucune variation dans la disposition des lentilles interposées ou dans l'accommodation des cristallins.

En outre, pour que la disposition fût aussi parfaite que possible, il faudrait que dans l'œil observé, les rayons lumineux arrivassent comme s'ils étaient émis par la rétine de l'observateur. Mais cette condition n'est pas indispensable, l'éclairement pouvant être assez intense à quelque distance du point où se forme l'image de la source de lumière.

Les rayons de retour, émis par la rétine éclairée d'un œil préalablement soumis à l'action de l'atropine, suivent des lignes qui convergent vers le *punctum remotum*, c'est-à-dire qui sont en réalité convergents, parallèles ou divergents, suivant que l'œil étudié est myope, emmétrope ou hypermétrope. Nous allons examiner, d'abord, les conditions pour que l'observateur les puisse recevoir directement, avant leur croisement s'il a lieu avant la formation d'une image réelle.

Si l'observateur est hypermétrope, il pourra réunir sur sa rétine, soit directement, soit par l'accommodation, des rayons de retour provenant d'yeux myopes, emmétropes ou hypermétropes.

S'il est emmétrope, il pourra faire concourir sur sa rétine directement les rayons de retour d'un œil emmétrope, par l'accommodation ceux d'un hypermétrope.

Enfin, s'il est myope, il ne pourra jamais réunir sur sa rétine que les rayons de retour d'un hypermétrope.

Il peut être important de remarquer que l'accommodation ayant toujours pour effet de rendre l'œil plus convergent, les conclusions précédentes ne sont pas changées alors même que l'œil observé serait susceptible d'accommodation.

Il résulte de ces remarques que la meilleure condition, tant pour l'œil observé que pour l'œil observateur, est d'être hypermétrope, si l'on veut faire l'observation directe. Cela rend compte du fait sui-

vant, que j'ai observé dans plusieurs expériences :
tandis que sur certaines personnes, j'arrivais immédiatement à percevoir la lueur oculaire distinctement et sans interposition de lentilles, pour d'autres,
je ne pouvais y arriver. Les premières étaient hypermétropes, les autres myopes, et je suis moi-même
affecté de myopie ; quelquefois dans ce cas, la vision
se faisait dans les positions excentriques de l'œil observé par rapport au mien.

Quelle que soit la nature de l'œil observé et de
l'œil observateur, on peut arriver à une vision directe par l'interposition de verres donnant à l'un ou
à l'autre, ou à tous les deux un degré suffisant d'hypermétropie. Les verres à employer sont des verres
divergents : on peut à la rigueur placer une lentille
concave, soit devant l'œil observé, et le rendant hypermétrope, le mettre en état d'être vu distinctement
par un autre œil quelconque ; soit au contraire devant l'œil observateur, qui devenu à son tour
hypermétrope, est susceptible de voir nettement le
fond d'un œil quelconque. De ces deux dispositions,
également admissibles au point de vue de la marche
géométrique des rayons, la première doit être re-
jetée : la lentille placée devant l'œil observé diminuerait la convergence des rayons lumineux envoyés
par la source de lumière, en même temps que faisant
diverger les rayons de retour, elle diminuerait le
nombre de ceux qui peuvent être reçus dans la pupille de l'observateur. Pour ces deux motifs, on doit

placer la lentille entre le miroir et l'œil de l'observateur.

L'observateur se place à une distance telle que l'image virtuelle semble placée en un point, pour lequel il puisse facilement accommoder son œil. Pour éviter les variations trop considérables qui pourraient être nécessaires par suite des courbures des surfaces de l'un ou l'autre des yeux en expérience, on a, en général, une série de lentilles de divers numéros, que l'on choisit suivant les circonstances. Si l'observateur est hypermétrope, il peut avoir avantage à n'employer aucune lentille ; il peut même arriver qu'une lentille convergente soit préférable.

L'emploi de la lentille divergente pour l'étude du fond de l'œil, peut être facilement rendu compréhensible par la comparaison suivante :

En considérant la rétine observée comme un objet éclairé, sans nous préoccuper du mode d'éclairement, on peut remarquer que le cristallin, lentille convergente, et la lentille divergente placée avant la formation de l'image réelle, constituent absolument une lunette de Galilée (lorgnette de spectacle), dans laquelle on obtient une image virtuelle droite et agrandie.

L'image de la rétine dans l'observation directe au moyen de la lentille divergente est aussi, en effet, droite et agrandie ; ces deux conditions entraînent certainement sa virtualité.

L'examen de l'œil au moyen d'une seule lentille

de myope, servant également comme réflecteur de la lumière, rentre absolument dans le cas que nous venons de considérer.

Si l'œil observé est disposé de telle sorte que le foyer conjugué de sa rétine, soit à une distance finie de l'autre côté du cristallin (c'est ce qui a lieu toujours pour les myopes, et seulement par l'accommodation pour les emmétropes et les hypermétropes), il se forme à ce foyer conjugué une image réelle de la rétine, image qui peut être vue par un œil situé sur le prolongement des rayons qui la forment. Mais cette image est fort agrandie (dans le rapport des distances du point où elle se forme et de la rétine au centre optique du cristallin), et par suite peu éclairée; d'autre part, l'observateur, placé à distance de la vue distincte et dont le champ visuel est limité par sa pupille, ne verrait qu'une faible partie de l'image qui, pour ces deux raisons, lui échapperait souvent, et serait peu nette dans tous les cas.

Ce mode d'observation n'est possible en réalité que lorsque l'œil en expérience est très-myope, car c'est le seul cas où l'image se formerait en réalité pour un œil soumis à l'atropine, ce qui est indispensable pour empêcher les changements d'accommodation; pour un œil peu myope, l'image ne se formerait pas, la théorie la plaçant à trop grande distance; pour des yeux emmétropes, l'image est transportée à l'infini, elle ne peut exister si l'œil est hypermétrope.

La méthode la plus en usage, lorsque l'on se sert

de l'ophthalmoscope, consiste à assurer la formation de cette image réelle, en lui donnant une place et une dimension telles que l'observation en soit facile et avantageuse. A cet effet, on place devant l'œil observé une lentille convergente assez forte pour faire converger les rayons dans le cas même où ils sont divergents, comme cela a lieu pour l'hypermétropie. Il se forme, en avant de cette lentille, une image réelle, car les rayons de retour ne sont jamais assez divergents pour que le point d'où ils émaneraient, s'ils ne traversaient que le même milieu, fût situé entre la lentille et son foyer principal. Ces rayons de retour, en réalité, ne s'écartent pas beaucoup du parallélisme, en sorte que l'image va se former à une petite distance du foyer principal.

L'observateur voit cette image comme un objet réel, s'il est placé dans le cône divergent des rayons qui en émanent, et si la distance est une de celles pour laquelle il puisse accommoder son œil, il déplace alors le miroir réflecteur, derrière lequel est situé son œil jusqu'à ce que la distance soit convenable. Mais, comme en déplaçant le miroir, on fait varier les conditions de l'éclairage, on ne peut le mettre en un point quelconque ; il est bon alors de faire usage de verres convergents ou divergents, suivant la vue de l'observateur, de manière à produire une vision distincte à une distance à peu près invariable.

La rétine observée, jouant le rôle d'un objet éclairé, l'ensemble du cristallin correspondant et de la lentille convergente constitue un objectif composé, analogue à ceux des microscopes ou des lunettes astronomiques. Seulement, dans l'ophthalmoscope on regarde directement l'image réelle, tandis que dans ces instruments on fait usage d'un oculaire agissant comme loupe : on peut, dans certains cas, appliquer cette modification à l'ophthalmoscope, ainsi que cela a été fait du reste en particulier par M. Giraud-Teulon, dans son ophthalmoscope binoculaire.

III

Les ophthalmoscopes dont nous venons d'indiquer
successivement les principales dispositions, et dont
l'emploi est devenu fréquent, sont d'un usage com-
mode pour les recherches personnelles, et ont déjà
conduit à des résultats intéressants à plus d'un titre ;
mais, au point de vue de l'enseignement clinique,
ils présentent tous le même inconvénient, celui de
ne pouvoir servir qu'à un expérimentateur, de telle
sorte qu'une seule observation puisse être faite à la
fois. Outre le temps qu'exigent plusieurs observations successives, la fatigue qui peut en résulter
pour la personne sur laquelle se fait l'expérience, il
peut arriver des changements. Il serait avantageux,
je pense, que plusieurs personnes pussent examiner
le même œil au même instant, et suivre avec plus
de facilité l'explication qui serait donnée par le professeur. J'ai donc cherché à obtenir ce résultat dans
diverses conditions que je vais indiquer maintenant.
Le temps m'a manqué pour compléter ce travail,
dans lequel je ne puis noter, d'une part, que l'idée
non encore complétement réalisée, et, d'autre part,
que l'indication d'expériences qui, tout en donnant
raison aux prévisions de la théorie, n'ont point
encore atteint la netteté et la précision que j'aurais
désiré apporter pour justifier les modifications que

j'apporte à un instrument si parfait à certains égards. Je me réserve de continuer mes recherches, et je ne doute pas qu'elles ne me conduisent aux résultats que je considère comme souhaitables.

Le défaut que je viens de signaler dans l'ophthalmoscope, en me plaçant à un certain point de vue, a été indiqué de même pour le microscope. Aussi, divers constructeurs ont-ils modifié cet appareil pour permettre à deux et même trois personnes d'observer simultanément le même objet.

J'ai cherché de même une disposition qui pût servir à deux personnes au moins à voir en même temps le fond d'un œil. Je ne doute pas que je puisse arriver à ce résultat ; mais, avant de faire construire un appareil d'après les idées que je vais exposer, j'ai voulu m'assurer, par quelques expériences préliminaires, des conditions dans lesquelles on doit se placer : ces expériences ne sont pas encore terminées.

Un ophthalmoscope à miroir percé et employé avec la lentille convexe, c'est-à-dire de manière à donner naissance à l'image renversée réelle, n'est pas absolument fixe, au moins en général ; le miroir, et, par suite, le point duquel on fait l'observation se déplacent presque d'une manière continue, sans que l'on cesse de voir le point que l'on avait fixé d'abord ; d'autre part, l'ophthalmoscope à vision binoculaire de M. Giraud-Teulon ne recueille pas les rayons absolument centraux, mais seulement les rayons latéaux, quoique très-voisins.

L'ophthalmoscope à vision binoculaire se compose d'un miroir ordinaire percé en son centre; derrière cette ouverture sont disposés deux miroirs dont l'intersection passe par le milieu du trou ; ces miroirs renvoient latéralement les rayons venant du fond de .'œil, et ceux-ci, se réfléchissant sur d'autres miroirs parallèles aux premiers, reprennent la même direction qu'avant ces réflexions, et arrivent dans les deux yeux de l'observateur après avoir passé sur des prismes qui leur donnent un degré convenable de convergence. (En réalité, la réflexion se fait non sur des miroirs, mais à l'intérieur de prismes dont la section est un parallélogramme.)

Eloignons davantage les surfaces réfléchissantes de chaque côté, jusqu'à ce que les rayons émergents puissent venir, non dans les deux yeux d'un même observateur, mais dans deux yeux de deux observateurs différents, et nous avons un ophthalmoscope pouvant servir simultanément à deux personnes.

Si les points du miroir desquels on peut encore apercevoir l'image sont assez éloignés, il sera possible d'avoir une ouverture centrale destinée à l'observation directe, et servant à mettre l'appareil en position ; deux ouvertures latérales seraient alors destinées à deux observateurs, ce qui porterait à trois le nombre de personnes pouvant étudier le même œil en même temps. Dans ce cas seulement, et pour compenser l'inégalité des distances des yeux des observateurs à l'image observée, il faudrait interposer des lentilles dont les distances focales ne seraient pas difficiles à déterminer.

Dans des observations de ce genre, l'ophthalmoscope doit être monté sur un pied fixe, ainsi que la lentille convexe que l'on place devant l'œil ; les verres gradués que l'on dispose devant chacune des ouvertures d'où l'on observe sont seuls mobiles, comme dans certains modèles d'ophthalmoscopes simples.

La disposition précédente, malgré les avantages qu'elle me semble présenter, ne donne lieu cependant qu'à des phénomènes subjectifs et des observateurs en nombre très-limité peuvent seuls jouir de la vision simultanée. Il peut être intéressant d'obtenir un phénomène objectif, visible en même temps par un plus grand nombre de personnes. Pour arriver à ce résultat, j'ai employé la disposition suivante qui est applicable, comme je le dirai plus tard, non seulement à l'ophthalmoscope, mais à d'autres appareils d'exploration.

L'éclairage s'obtient absolument comme dans les expériences ordinaires, il doit seulement être le plus fort que l'on puisse employer sans gêner l'œil observé. Les rayons que l'on obtient et dont on ne laisse passer que la quantité strictement nécessaire, tombent sur une lame de verre verticale de petites dimensions, et que l'on place le plus près possible de l'œil à examiner ; cette lame peut tourner autour d'un axe vertical, de manière que l'on envoie facilement les rayons dans la pupille même. En se plaçant à une certaine distance derrière la lame de verre, on peut apercevoir la lueur oculaire immédiatement, si l'œil a été soumis à l'action de l'atropine, et l'on s'assure ainsi si la disposition générale est satisfaisante.

Ainsi que nous l'avons dit, si sur le trajet des rayons sortant de l'œil, on interpose une lentille convergente, il se forme en avant de cette lentille une image réelle : à une petite distance en avant de la lame de verre, à la même hauteur et sur le même pied, je place une lentille biconvexe dont la distance focale varie avec les conditions expérimentales que l'on cherche à remplir; elle donne naissance à une image réelle que l'on peut recevoir sur un écran susceptible de diffuser la lumière par transparence. L'image formée peut être distinguée comme un objet réel ou comme un dessin fait sur l'écran par plusieurs personnes, si elles se trouvent dans une obscurité suffisante. La dimension de l'image, qui intervient également pour la facilité que l'on a à la voir, dépend de la distance focale de la lentille employée et de la distance qui la sépare de l'œil.

Pour que l'expérience puisse réussir et donner des résultats, il faut le concours de plusieurs conditions pratiques dans le détail desquelles je vais entrer.

La lentille que l'on emploie pour former l'image réelle nous a paru donner des résultats satisfaisants lorsque sa distance focale est environ 5 à 7 centimètres.

Il faut ensuite que l'écran présente une faible opacité et une grande régularité de grains. J'ai pu réussir avec du papier végétal tendu ; mais on doit, de préférence, employer une lame mince de verre, sur laquelle on dépose du lait qu'on laisse sécher, ou de l'amidon plus ou moins épais, comme l'a employé L. Foucault dans ses expériences de photométrie, soit enfin une lame de verre sur laquelle on fait évaporer une dissolution d'axonge dans l'alcool ; je n'ai pas encore pu expérimenter d'une manière complète ce dernier procédé qui m'a été indiqué par M. le professeur Gavarret.

Il est extrêmement important que les observateurs soient plongés dans une obscurité aussi complète que possible, comme aussi on doit s'efforcer d'éviter l'éclairement direct ou indirect de tout corps susceptible de refléter de la lumière.

Enfin, le point important est de faire arriver exactement sur l'écran l'image de la rétine, et en particulier de la papille. Il faut d'abord obtenir sur l'écran une image nette de la pupille et de l'iris, ce qui s'obtient facilement en avançant et reculant l'écran qui doit se mouvoir à l'aide d'une crémaillère et d'un pignon, et avec beaucoup de régularité.

L'image de la pupille obtenue, il faut avancer doucement l'écran vers la lentille ; en effet, les rayons émanés de l'iris considéré comme corps lumineux arrivent sur la lentille en divergeant fortement, tandis que ceux émanés de la rétine et qui auront traversé le cristallin seront ou moins divergents, ou parallèles ou même convergents et par suite formeront leur foyer plus près de la lentille, ainsi que l'indique le tableau de la page 15.

On peut arriver au même résultat par un autre procédé : ayant, comme précédemment, obtenu l'image nette de la pupille et de l'iris sur l'écran, si l'on interpose près de la lentille, une autre lentille divergente et de même puissance à peu près que le cristallin on détruira presque complétement l'effet de celui-ci, et l'image de la rétine ira se faire presque au point où précédemment se produisait celle de la pupille qui serait reportée plus loin de la lentille.

Je me suis assuré par une discussion complète de formules dont la place n'est point dans ce travail, que le problème est possible en général; j'ai reconnu des conditions d'impossibilité à éviter. Il me reste à rechercher les meilleures distances et dimensions à donner aux diverses pièces. De nouvelles recherches expérimentales, guidées par le calcul, me conduiront bientôt, je l'espère, à les déterminer complétement.

Le procédé qui m'a permis d'obtenir des images objectives du fond de l'œil peut être appliqué à tous les autres appareils d'exploration.

Il suffit pour le laryngoscope de faire usage d'une lame de verre pour réfléchir la lumière dans la cavité buccale de l'individu sur lequel on expérimente. Comme, dans ce cas, rien ne limite la puissance de l'appareil éclairant, comme on connaît exactement le degré de convergence des rayons venant du larynx sur la lentille, puisqu'on peut mesurer la distance qui sépare ces deux points, on peut obtenir une image bien éclairée sur un écran que l'on peut placer au point précis où il est nécessaire.

L'adjonction d'une lentille suffirait pour l'endoscope, l'éclairage se faisant dans cet appareil par la réflexion sur une lame de verre; je regrette que le temps m'ait manqué pour faire cette dernière application.

On voit facilement comment il faudrait opérer dans tous les cas analogues : la puissance de la lentille serait seule variable suivant les circonstances.

CONCLUSION.

Je me suis efforcé, dans ce travail, de réunir les no-
tions d'optique qui se rapportent le plus directement
à l'ophthalmoscope et dont la connaissance est indispensable pour faire un emploi raisonné, et par suite
réellement applicable à toutes les circonstances, de
cet appareil dont l'usage se généralise chaque jour
davantage et dont l'utilité est absolument incontes-
table.

Sans entrer cependant dans une discussion complète et approfondie de la question, au point de vue
physique ou mathématique, j'ai cherché à indiquer
les conditions dans lesquelles on doit se placer pour
faire les observations les plus favorables, en égard à
la nature de la vue de l'observateur et de l'œil observé.

Enfin, considérant que les observations faites avec
l'ophthalmoscope sont subjectives, et sont, de ce fait,
peu propres aux études cliniques, j'ai cherché à obtenir des images objectives, des images projetées sur
un écran, et visibles par suite simultanément à plusieurs personnes qui peuvent ainsi mieux saisir les in-
dications qui sont données. J'ai montré la possibilité
théorique d'obtenir de semblables images, et après
avoir fait disposer un appareil dans les conditions
convenables, j'ai pu obtenir, ainsi que je le rapporte,

des images nettes, mais que j'espère cependant pouvoir améliorer et rendre ainsi plus propres au but que je me suis proposé d'atteindre.

L'application de la même idée au laryngoscope et à l'endoscope est une conséquence immédiate des considérations théoriques que j'ai exposées, et le but que j'avais atteint pour l'ophthalmoscope, la formation d'images objectives, était en même temps assuré pour ces instruments d'exploration.

9 782019 260095